?! 科学漫画（かがくまんが） サバイバルシリーズ

月（つき）の サバイバル

（生（い）き残（のこ）り作戦（さくせん））

科学漫画 サバイバルシリーズ

月の
サバイバル

原案：洪在徹／絵：吉田健二
監修：渡部潤一

はじめに

「もしも月に行くことができたら」と、想像したことはありませんか？
地球から見る月は美しいですが、月から見る地球もまた、美しいことでしょう。月では重力が地球の6分の1になるので、体重は6分の1になり、ジャンプすると6倍高く跳ぶことができます。オリンピック選手の記録をこえるかもしれません。そして月には風もなく、雨も降りません。音も聞こえず、生物もいません。だからもし月に足あとを残したら、1億年後も消えないといわれています。

もちろん、月には何もないわけではありません。酸素や水素、チタンや鉄、ヘリウム3など、たくさんの資源があります。まだ見つかっていない資源もあるでしょう。未知の領域がたくさん残されていますから、月面探検をしたら、あなたにも大発見が待っているかもしれません。

1959年、旧ソ連（現在のロシアなど）のルナ2号が世界で初めて月面に到達しました。さらに1969年、アポロ11号が月面着陸を果たし、人類は初めて月に降り立ちます。1972年12月のアポロ17号を最後に、月面に降り立った人はいませんが、それから半世紀以上経った現在、人類は再び月をめざしています。アメリカを中心とした「アルテミス計画」では、月に人類を送り、月面で持続的な活動をすることをめざしています。中国やインドも、宇宙飛行士を月に送り込むことをめざすと発

表しています。同時に、各国が競い合って無人探査機を月に送り込み、これまで知らなかった月に関する情報が明らかになってきました。
　月に行く——。それは、以前よりもずっと現実的で、身近なものになろうとしているのです。

　この本では、ダイヤ、マーレ、キュリの3人が、「子ども宇宙飛行士」として月をめざして飛び立ちます。宇宙から見る地球に感動したり、無重力体験を楽しんだりしていた3人は思わぬトラブルに遭い、絶体絶命のピンチに陥ります。
　果たして3人は、無事に地球に戻ることができるのでしょうか？ ダイヤ、マーレ、キュリと一緒に、月のサバイバルをお楽しみください！

洪在徹（ホンジェチョル）

目次

1章 子ども宇宙飛行士、月へ行く……10
人類が月面に降り立った！ アメリカのアポロ計画…16

2章 ロケット発射！……………18
新たな月探査計画 アルテミス計画…28

3章 宇宙から見た地球と月…………30
地球からいちばん近い天体、月…42

4章 月に向かって進め！…………44
太陽系の仲間たち　8つの惑星と小惑星…54

5章 月面着陸船「SU-1」とドッキング！…56
月にあるクレーターって何？…68

6章 緊急事態発生！ 彗星のダストが急接近！…70
宇宙の旅人、彗星の正体…80

7章 月に降り注ぐ星……………82
活躍する日本の月探査機…98

8章 過酷な環境の星、月…………100
月と地球の不思議な関係…110

| 9章 | 月のうさぎの正体は？…………112 |

月の海と陸って何？…120

| 10章 | 月面のメッセージ……………122 |

月には何があるの？…138

| 11章 | 降り注ぐ小天体……………140 |

太陽系で生物が生きられる範囲は？…150

| 12章 | 宇宙人の光!?………………152 |

日本の探査機「かぐや」が発見した月面の穴…168

| 13章 | 謎の無人探査機……………170 |

宇宙旅行は夢じゃない？…182

| 14章 | 月を脱出……………………184 |

月をめざした人類のあゆみ…192

| 15章 | 謎のボールの正体……………194 |

登場人物紹介

ダイヤ

この物語の主人公。サバイバルの天才。
「子ども宇宙飛行士募集」企画で選ばれ、
弟のキュリと同級生のマーレと一緒に、
月をめざすことになった。
過酷な訓練を経てロケットに乗り込み、
いざ月へ出発！ だが、彗星のダストや
小天体の衝突など、さまざまなピンチに襲われる。
抜群の運動神経とどんなときも
あきらめない強い心で、月をサバイバルしていく。

サバイバルの武器
明るく前向きな思考力。

マーレ

ダイヤの同級生。ダイヤと同じく
子ども宇宙飛行士に選ばれ一緒に月をめざす。
宇宙飛行士訓練では、ダイヤ同様
教育係のサヤをてこずらせたようだが、
じつは頼もしい存在で、ダイヤの良きライバル。
ダイヤとキュリと3人でのミッションに
はりきってのぞむが、思わぬトラブルで
2人とはぐれ、月面を1人さまよう。
そして思わぬ拾い物をすることに……。

サバイバルの武器
大ピンチでも冷静に対処できる行動力。

キュリ

ダイヤの弟。
知識がとても豊富で、勉強熱心。
宇宙や天体について学んだことを
ダイヤとマーレに教えてくれる。
月面でダイヤと一緒に大ピンチに襲われるが
勇気を出して立ち向かう。
マイペースな行動をするダイヤを
心配したり怒ったりしながら
月のサバイバルに奮闘する。

サバイバルの武器
宇宙や天体に関する正確な知識。

ギンガ司令官

宇宙ステーションに長期滞在した経験を持つ宇宙飛行士で、チームのリーダー。月面探査機の打ち上げ経験もある。サヤの上司。月面着陸はせずに司令船に残り、ダイヤたちの帰りを待つ。

サヤ

宇宙飛行士。長年の苦労がむくわれ、今回初めての宇宙飛行で月面をめざす。明るくて優しい、ダイヤたちの教育係。自称・天才エンジニアで、宇宙船の開発にもかかわった。

1章
子ども宇宙飛行士、月へ行く

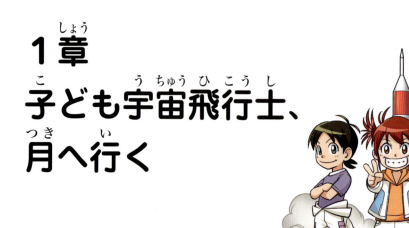

月のサバイバル科学知識

人類が月面に降り立った！ アメリカのアポロ計画

1961年から72年にかけて、アメリカは人間を月に送る「アポロ計画」を実施しました。アポロ計画は段階を追って進められ、1968年12月に打ち上げられた「アポロ8号」では、3人の宇宙飛行士が初めて月を周回する飛行に成功しました。1969年7月16日に打ち上げられたアポロ11号では、7月20日20時17分（UTC＝協定世界時）に月着陸船「イーグル」を月に着陸させることに成功。最初にニール・アームストロング船長が、続いてバズ・オルドリン月着陸船操縦士が、月面に降り立ちました。人類が初めて月の大地を踏んだのです。その後、12号、14号、15号、16号、17号が月面着陸に成功し、11号も含め全6回、計12人が月面に降り立ちました。

月面で活動するオルドリン操縦士。撮影したのはアームストロング船長。

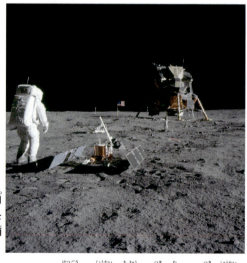

月面で活動するオルドリン飛行士。右奥は2人を乗せて月面に着陸した月着陸船。月着陸船は、2人の宇宙飛行士を乗せて月を周回する司令船（※）から切りはなされ、月面に着陸した。

※アポロ宇宙船は、司令船、機械船、月着陸船の3つからなっている。この3つは結合した状態で地球から月へ向かい、月を周回する軌道上で2人の宇宙飛行士を乗せた着陸船を切りはなし、着陸船だけが月面に着陸した。

アポロ11号に乗り込んだ3人の宇宙飛行士。左からニール・アームストロング、マイケル・コリンズ、バズ・オルドリン。

月面着陸に成功したアポロ宇宙船の主な成果

アポロ11号	初めて人が月面に降り立った。アームストロングは「これは1人の人間にとっては小さな一歩だが、人類にとっては大きな飛躍である」という名言を残した。
アポロ14号	月面のカラー写真撮影に初めて成功。
アポロ15号	初めて月面車を使い、地質学的調査を行った。
アポロ16号	月の「陸（高地）」に初めて着陸（11・12・14・15号は低地である月の「海」に着陸）。
アポロ17号	1972年12月に打ち上げられたアポロ計画最後の有人宇宙船。これ以後、月面に降り立った人はいない（2024年10月末現在）。

緊急事態発生！ アポロ13号を救え!!

1970年4月11日に打ち上げられたアポロ13号は、2日後、月までもう少しというところまできたとき、酸素タンクが爆発するという事故に見舞われました。この事故により電力と水が不足することになり、月面着陸の予定を変更しUターン。宇宙船乗組員と地上の管制センターの協力により、次々にやってくる危機を乗り越えました。そして、わずかに残った酸素、水、電力を利用して、打ち上げから5日と約23時間後、太平洋に無事着水。乗っていた3人の宇宙飛行士は、地球に生還することができました。

太平洋に着水後、揚陸艦イオージマの甲板で笑顔を見せるアポロ13号の3人の飛行士。

写真：すべてNASA

2章
ロケット発射！

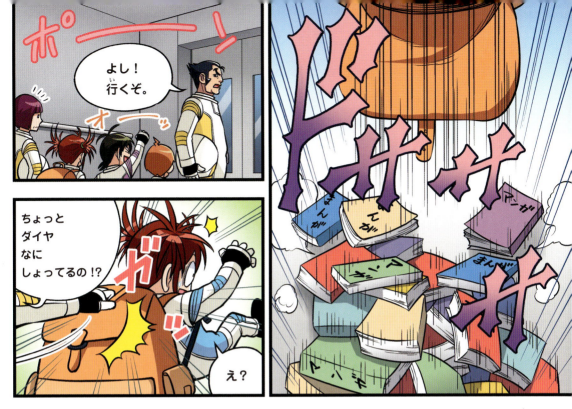

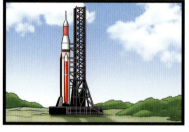

月のサバイバル科学知識

新たな月探査計画　アルテミス計画

宇宙を飛行中のオリオン宇宙船の想像図。アルテミス計画に使われる宇宙船で最大6人を乗せることができる。画像：NASA/JSC

　1972年のアポロ17号による月面着陸を最後に、宇宙飛行士が月面に降り立って行う活動はとだえていました。それを再開する計画がアメリカを中心に現在進められています。この計画は「アルテミス計画」と呼ばれ、アメリカを含め日本、カナダ、イタリア、ルクセンブルク、UAE、イギリス、オーストラリアの8カ国が協力して行われています。

日本人宇宙飛行士も月に行く！？

　アルテミス計画では2026年以降に月面に人を送り、その後も月面での持続的な活動をめざしています。日本人宇宙飛行士も、月面での活動に参加する予定です。
　この計画の名前となった「アルテミス」は、ギリシャ神話に登場する月の女神です。アポロ計画で月面に降り立った12人はすべて男性でしたが、アルテミス計画では女性や日本人を含む宇宙飛行士の活躍も期待されています。

JAXA宇宙飛行士の米田あゆさん（左）と諏訪理さん（右）
画像：JAXA

月を回る軌道上に宇宙ステーション

月を回る軌道上には、「ゲートウェイ」と呼ばれる宇宙ステーションが、2020年代中の完成を目標に建設される予定です。ゲートウェイは、国際宇宙ステーション（ISS）の6分の1ほどの大きさとなる予定で、4人の宇宙飛行士が年間30日ほど滞在することが想定されています。

ゲートウェイの完成後、地球を飛び立った宇宙飛行士はここで月着陸船（HLS）に乗り換えて、月面と行き来するようになるでしょう。ゲートウェイは、月に物資を運び、月面での活動拠点を建設するほか、火星へ人を送り込む「火星有人探査」に向けた準備や訓練に使うことも考えられています。

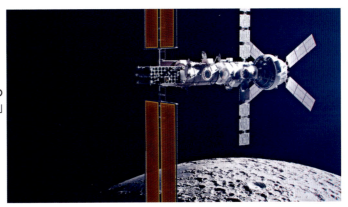

月を回る軌道上に建設される予定の宇宙ステーション「ゲートウェイ」の想像図。画像：NASA

中国など各国も人を月に送る計画

中国、インド、ロシア（旧ソ連）などの国も高い宇宙開発技術を持っています。これらの国は、すでに月に無人探査機を着陸させることに成功しています。将来の有人探査の計画についても、中国は2030年までに月に宇宙飛行士を送り込むと発表しています。インドも、2040年までに月に宇宙飛行士を送り込むことをめざすと発表しています。

月面に着陸した中国の無人月探査機「嫦娥6号」の着陸機。2024年6月、嫦娥6号は、月の裏側の地表や地中から岩石などのサンプルを採取し、地球に持ち帰ることに成功した。写真：新華社／アフロ

3章
宇宙から見た地球と月

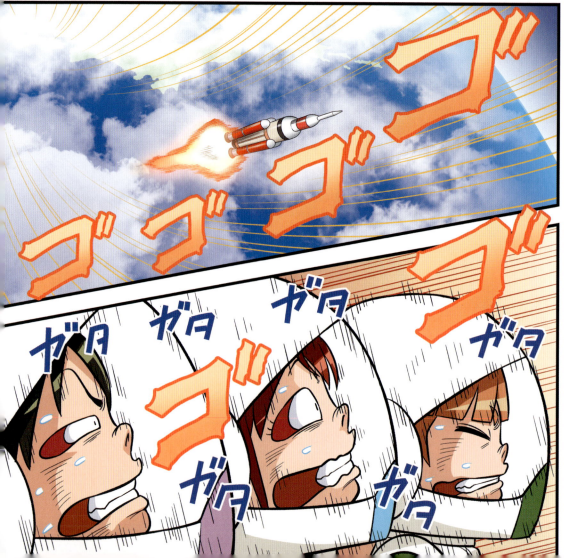

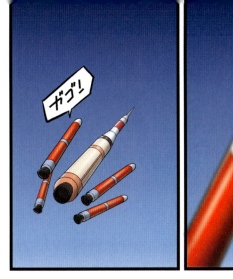

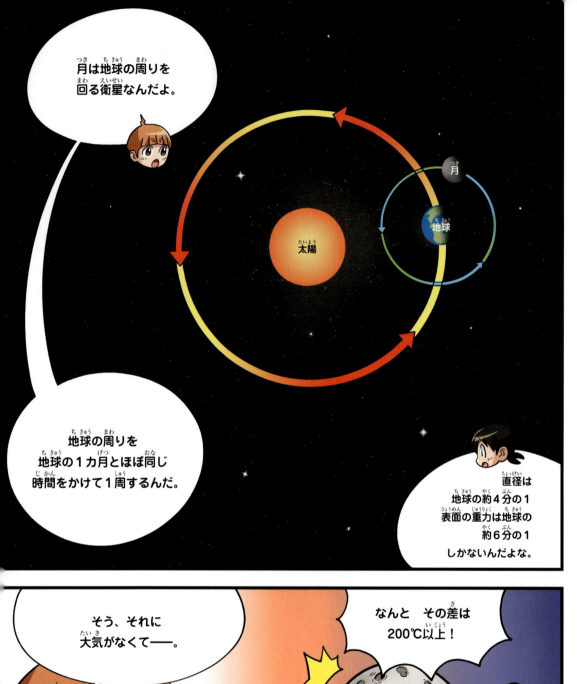

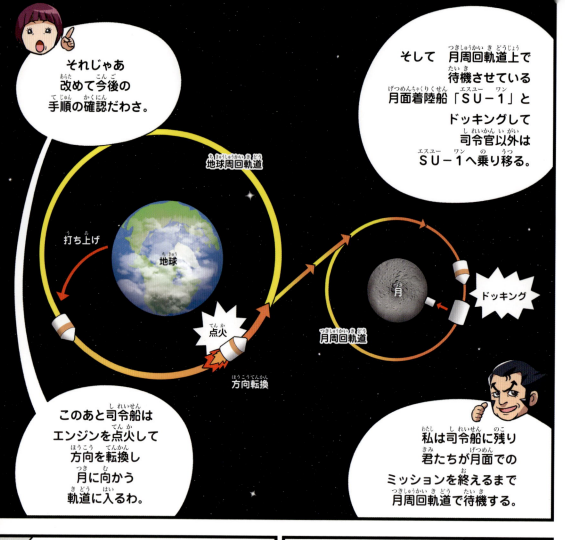
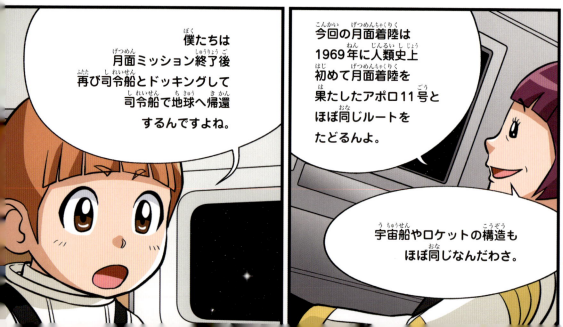

月のサバイバル科学知識

地球からいちばん近い天体、月

月は、地球から平均約38万kmはなれたところにある、地球が持つただ一つの衛星です。直径は地球のおよそ4分の1にあたる約3475km、重さは地球の81分の1ほど。月は、地球のまわりを約27.32日かけて1周（公転）しています。また、月は公転と同じ時間をかけて、くるりと1回転（自転）しています。そのため、いつも同じ面を地球に向けています。

月の内部（右図）は、地球と同じように表面に「地殻」、その内側に「マントル」があり、中心部には「核」があると考えられています（右ページ『「地球」と月を比べると？』も見よう）。

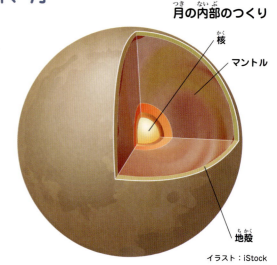

月の内部のつくり
核／マントル／地殻

イラスト：iStock

月の直径、重さ、地球からの距離など

直径	約3475km（地球の約4分の1）
重さ	地球の約81分の1
地球からの距離	平均約38万km（約36万〜約41万km）
公転周期	約27.32日
自転周期	約27.32日
月の1日	（地球の）約27.32日
（地球から見る）満月から次の満月まで	約29.5日

恒星、惑星、衛星

太陽のように、自分で光を出して光っている天体を「恒星」といいます。地球、火星、木星のように、恒星（太陽）のまわりを回っている天体を「惑星」といいます。そして、惑星のまわりを回っている天体は「衛星」と呼ばれます。月は、地球のただ一つの衛星です。木星や土星には数十個の衛星があります。

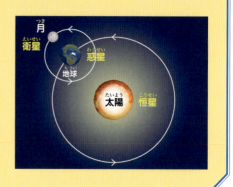

月／衛星／地球／惑星／太陽／恒星

42

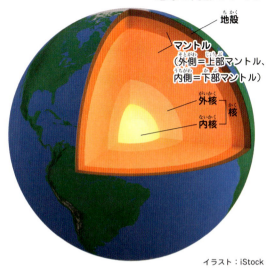

地球の内部のつくり

イラスト：iStock

「地球」と月を比べると？

　地球は、直径が約1万2756kmの主に岩石でできた惑星です。表面には液体の水があり、ちっ素や酸素からなる大気（空気）の層におおわれています。内部は、中心に「核（内核と外核）」があり、そのまわりには岩石からできた「マントル」の層があります。その上にあるいちばん外側の層は「地殻」といい、マントルとは違う岩石からできています。地球内部のつくりは月と似ていますが、表面に大気や水があるのが月との大きな違いです。

地球の直径、重さなど

直径	約1万2756km（月の約4倍）
重さ	月の約81倍／太陽の約33万分の1
公転周期	約365.24日
自転周期	約23時間56分
地球の1日	24時間

※地球と月の直径は、『理科年表2024』（国立天文台編／丸善出版）に掲載の「赤道半径」を2倍した数値です。

月と地球の絶妙なバランス（月の引力）

　月と地球の間には、互いに引き合う力が働いています。このように、物体同士が引き合う力を引力（万有引力）といいます。地球は約24時間で1回転するので1日は24時間ですが、もし月の引力がなかったら地球の自転にブレーキがかからず、1日は8時間程度になるといわれています。地球の地軸の傾きが約23度に保たれているのも、月の引力があるためです。地軸がほどよく傾いているおかげで、春夏秋冬と季節が移り変わり、変化に富んだ自然がもたらされているのです。海の満ち潮と引き潮も、主に月の引力によって起こります。

イラスト（左）：iStock、写真（右）：NASA/GSFC/Arizona State University

4章 月に向かって進め！

1日目／12：00PM頃

エンジン点火。

月のサバイバル科学知識

太陽系の仲間たち　8つの惑星と小惑星

太陽と、そのまわりを回る惑星、惑星のまわりを回る衛星、小惑星、彗星などをまとめて「太陽系」といいます。太陽系には、大きさや重さ（質量）、太陽からの距離などが大きく異なる8つの惑星があります。

8つの惑星の直径、太陽からの距離、公転・自転周期、衛星の数など

	水星	金星	地球	火星	木星	土星	天王星	海王星
直径（km）	4879	1万2104	1万2756	6792	14万2984	12万536	5万1118	4万9528
地球を1としたときの直径	0.38	0.95	1	0.53	11.21	9.45	4.01	3.88
重さ（質量）地球を1としたとき	0.055	0.815	1	0.107	317.83	95.16	14.54	17.15
太陽からの距離（軌道長半径）太陽－地球の距離を1としたとき	0.387	0.723	1	1.524	5.203	9.555	19.218	30.110
公転周期	88日	225日	365日	687日	11.86年	29.46年	84.02年	164.77年
自転周期（日）	58.65	243.02	0.997	1.026	0.414	0.444	0.718	0.665
衛星の数	0	0	1	2	72	66	27	14

※直径は、『理科年表2024』に掲載の「赤道半径」を2倍した数値です。
※衛星の数は、国立天文台（2024年2月23日更新）による確定衛星数です。

太陽

小惑星とは？

太陽系には、惑星やその衛星のほかに、小惑星という小さな天体がたくさんあります。その多くは、火星と木星の間にある小惑星帯というところに集まり、太陽のまわりを回っています。これ以外に、独自の軌道（コース）で太陽のまわりを回る小惑星がたくさんあります。小惑星の大きさは石ころぐらいのものから、直径が100kmをこえるものまでいろいろです。小惑星やそのかけらが地球にぶつかってきて、地上に落ちてくるものは「隕石」と呼ばれます。

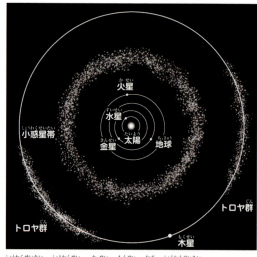
小惑星帯。小惑星は火星と木星の間の小惑星帯というところに多い。このほかに、木星の軌道上にも小惑星がたくさん集まっているところ（トロヤ群）がある。

NASAの画像を参考に編集部で作製

地球型惑星と木星型惑星

　太陽系には8つの惑星がありますが、そのつくりから大きく2つに分けられます。水星、金星、地球、火星は主に岩石からできた惑星で「地球型惑星」と呼ばれます。木星・土星・天王星・海王星の4つはおもにガスからできた惑星で「木星型惑星」と呼ばれます。このうち、天王星・海王星は、木星・土星とつくりが少しちがうので、木星・土星を「巨大ガス惑星」、天王星と海王星を「巨大氷惑星」と呼ぶことも多くなっています。

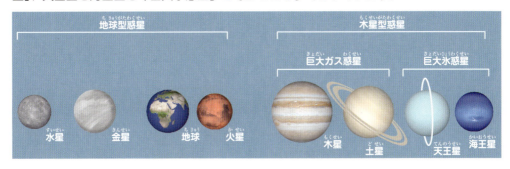

5章
月面着陸船「SU-1」とドッキング！

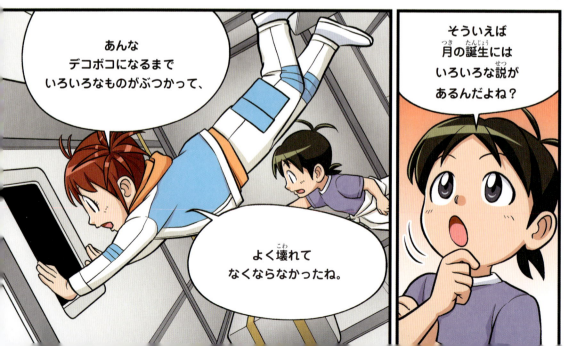

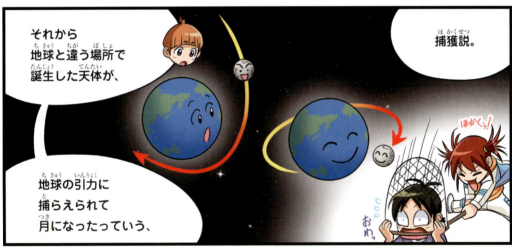

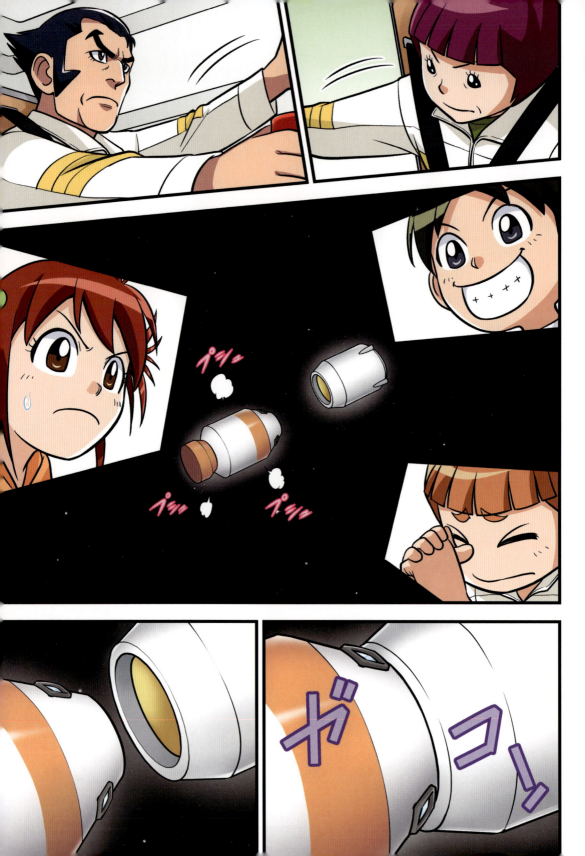

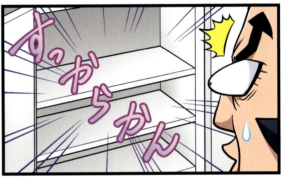

月のサバイバル科学知識

月にあるクレーターって何？

　天体望遠鏡で月を見ると、表面のあちこちに円形にへこんだところが見えます。これをクレーターといいます。月にあるクレーターの大きさは、直径数キロ以下のものから500kmをこえるものまでさまざまです。

　太陽系ができて間もないころには、小天体（彗星や小惑星も含む）がたくさんありました。38億〜40億年前、月にはそんな小天体がたくさん衝突したと考えられています。その衝突によってクレーターがたくさんできたのです。

　月には大気がほとんどなく、表面を流れる水もありません。地球のような大きな地殻変動もなく、さらに生物もいないので、地球のように地表のようすが大きく変化することはありません。それで、38億年以上前にできたクレーターがそのまま残っているのです。その後も、数は減りましたが、月にはしばしば小天体が衝突し、クレーターは増えていきました。

無数にある円形のへこみがクレーター。写真：iStock

月はどうやってできたの？

　月がどのようにしてできたのか、よくわかっていませんが、おもに4つの説があります。
①双子説（兄弟説）…地球と月は同じころ、それぞれ小天体が合体して生まれた。
②捕獲説…太陽系のどこかで生まれた月が、地球の引力につかまえられた。
③分裂説（親子説）…くるくると自転する地球の一部がちぎれて月になった。
④ジャイアント・インパクト説…地球ができて間もないころ、火星ぐらいの大きさの天体が地球に衝突し、地球の一部がこなごなにくだけて飛び散り、やがて集まって月になった。
　このうち、いちばん有力とされているのが、④ジャイアント・インパクト説です。ただ、この説には問題点があると考える学者もいて、議論が続いています。

クレーターを見て楽しもう！

　ここに紹介した写真は、アメリカの探査機が撮影したものですが、地上から小型望遠鏡で見えるクレーターもたくさんあります。

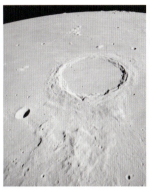

アルキメデス。
直径約81kmのクレーター。
写真：NASA

エラトステネス。
直径約59kmのクレーター。
写真：NASA

シュレディンガー。
直径約316kmのクレーター。
写真：NASA

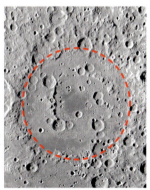

アポロ。月の裏側にある巨大なクレーターで、直径が約524kmもある。大きなクレーターの中や周囲にも、小さなクレーターがたくさん見える。写真：NASA

双子説：地球と月は同じころ、別々に生まれた。

捕獲説：遠くから来た月が、地球の引力につかまえられた。

分裂説：地球の一部がちぎれて月になった。

ジャイアント・インパクト説：大きな天体が地球に衝突し、くだけて飛び散ったものが集まり月になった。

イラスト：西原宏史　69

6章
緊急事態発生！
彗星のダストが急接近！

3日目／数時間経過

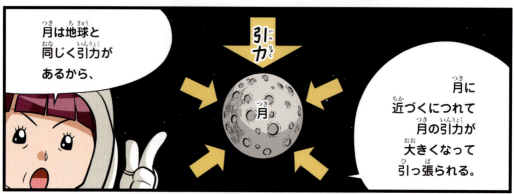
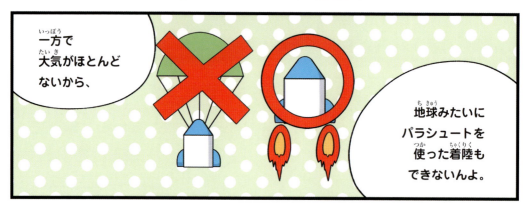

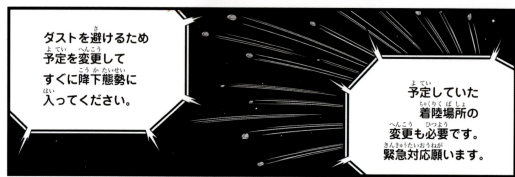

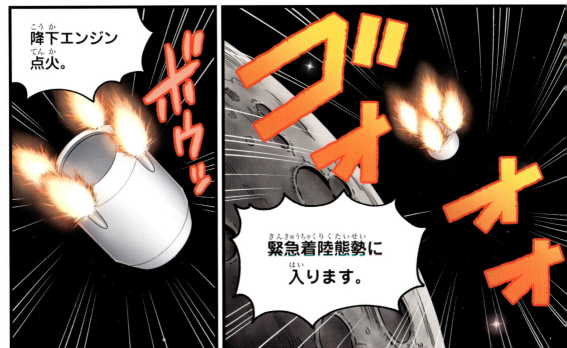

月のサバイバル科学知識

宇宙の旅人、彗星の正体

夜空に長い尾を引いて現れる彗星の正体は、岩や氷のかたまりです。その部分は核と呼ばれ、直径は数キロ〜数十キロくらいです。彗星は、惑星や小惑星と同じように太陽のまわりを回っています。太陽に近づくと温められて、核から噴き出したガスやちりが太陽の光を受けて光ります。それで長い尾があるように見えるのです。

1997年に、明るく美しい尾を引く姿を見せたヘール・ボップ彗星。1995年にアメリカのアラン・ヘールとトーマス・ボップが発見した。

写真：六連星/photolibrary

太陽に近づく彗星は毎年のように現れますが、多くの場合、望遠鏡がないと観測できません。10年に1回くらいは、長く伸びた尾が肉眼でもはっきり見える彗星が現れます。最近では1996年の「百武彗星」、1997年の「ヘール・ボップ彗星」という2つのとても明るい彗星が現れ、天文ファンをはじめ多くの人々を楽しませました。

1986年に撮影されたハレー彗星。約76年の周期で地球に接近する短周期彗星で、2000年以上前から観測されていたと考えられている。この彗星の軌道を計算したイギリスの天文学者ハレー（1656-1742）の名にちなんで名づけられた。次に地球に近づくのは、2061年。

写真：NASA/W. Liller

百武彗星。1996年1月に、日本のアマチュア天文家の百武裕司が発見した。

写真：iStock

2023年1月に発見された紫金山・アトラス彗星。2024年10月12日（世界標準時。日本標準時では13日）に地球に最接近した。日本でも、条件がよい日時と場所では、肉眼で見ることができた。

写真：津村光則

彗星はどこからくるの？

彗星には、一度だけ太陽に近づき、その後は太陽系のかなたへ飛び去っていく「非周期彗星」と、何度も太陽に近づいてくる「周期彗星」があります。「周期彗星」のうち、太陽に近づく周期が200年より短いものを「短周期彗星」、太陽に近づく周期が200年以上のものを「長周期彗星」と呼びます。

短周期彗星は、海王星の軌道の外側に広がる「エッジワース・カイパーベルト」という、小さな天体の集まったところからやってくると考えられています。長周期彗星は、太陽系の端に広がる「オールトの雲」という小天体が無数に集まったところからくるのではないかと考えられています。

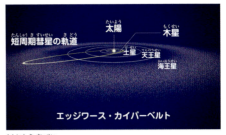

短周期彗星は、「エッジワース・カイパーベルト」という、小さな天体の集まったところからやってくると考えられている。

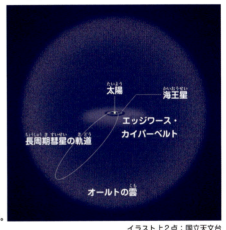

長周期彗星は、太陽系の端に広がる「オールトの雲」からくると考えられている。

イラスト上2点：国立天文台

彗星と流れ星の深い関係

流れ星（流星）は、宇宙から地球の空気の層に飛び込んできたちりが、高い温度に熱せられて光って見えるものです。彗星は、この流れ星と関係があります。太陽のまわりを回る彗星が通ったあとには、たくさんのちりが残されています。地球はこのちりの帯の中を、毎年ほぼ同じ時期に横切ります。このとき、たくさんのちりが同じ方向から同じ速度で地球に飛び出してくるように見えるのです。このたくさんの流れ星が見えるものを「流星群」といいます。毎年、あまり当たり外れがなく多くの流れ星を観測できる、1月の「しぶんぎ座流星群」、8月の「ペルセウス座流星群」、12月の「ふたご座流星群」は、三大流星群と呼ばれます。

2013年8月12日に現れたペルセウス座流星群。写真：佐藤幹哉

7章
月に降り注ぐ星

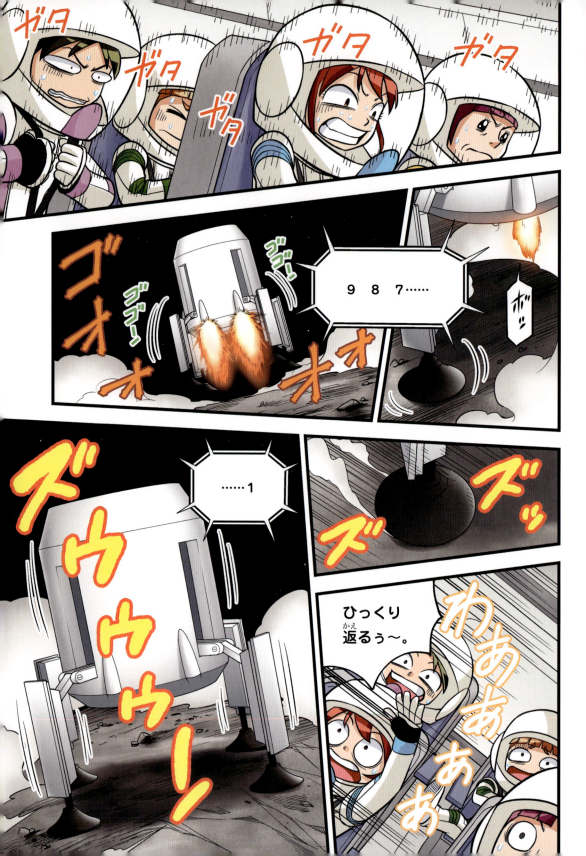

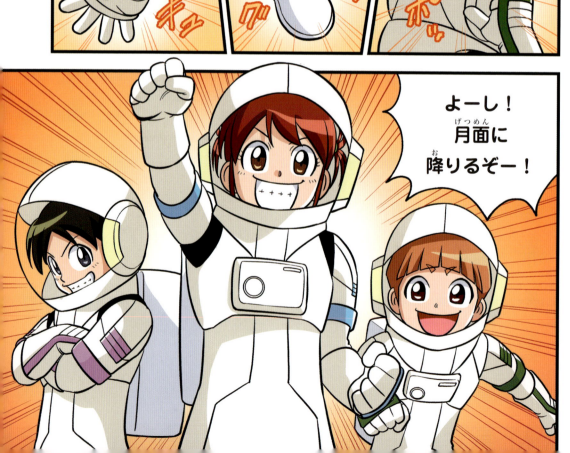

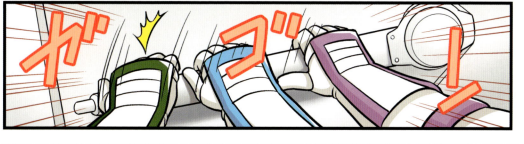

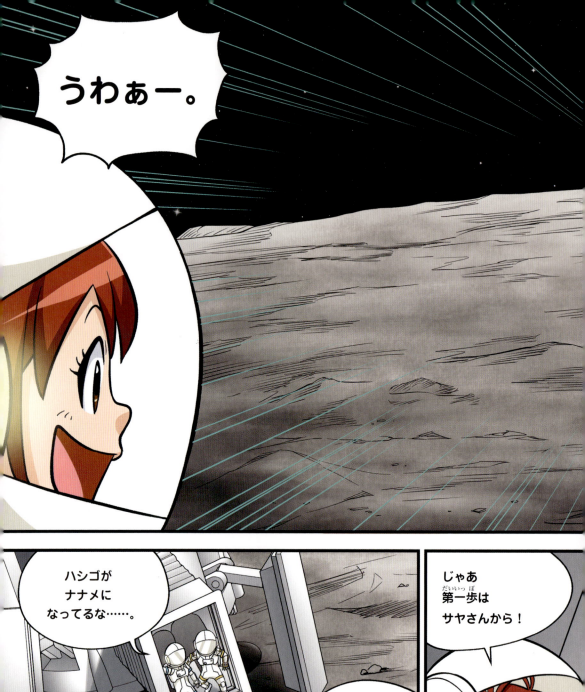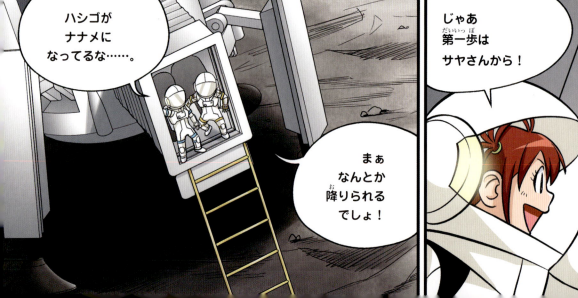

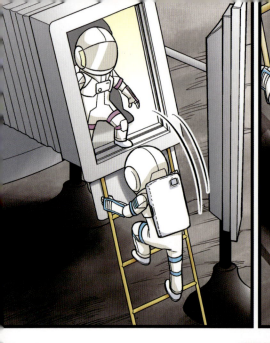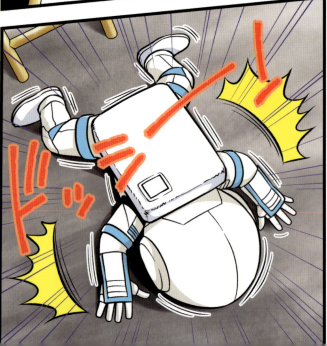

月のサバイバル科学知識

活躍する日本の月探査機

　日本も、月に無人探査機を送り、世界に誇れる科学的な成果を生み出しています。ここでは、2007年に打ち上げられ、さまざまな観測を行った「かぐや」と、2024年に月面に着陸して観測を行った「SLIM」を紹介しましょう。

1年半にわたり月を周回して観測した「かぐや」

「かぐや」は、2007年9月14日に打ち上げられ、10月4日に月を周回する高度約100kmの軌道に入りました。「かぐや」には2つの大きな目的がありました。一つは、月がどのようにしてできて、現在のような天体になったのかを明らかにするための科学的なデータを集めること。もう一つは、探査機を月の周回軌道に投入し、ねらい通りにコントロールする技術を確かめることでした。そのための

月を周回するかぐやの想像図。後ろには、2機の子衛星も見える。
画像：JAXA/SELENE

さまざまな観測や計測を約1年半にわたって行いました。「かぐや」には、2機の子衛星（「※1 おきな〈リレー衛星〉」「※2 おうな〈VRAD衛星〉」）が積み込まれ、月の周回軌道に入ったあとに分離されてそれぞれが役割を果たしました。「かぐや」は、観測の任務を終えたあと、2009年6月11日に月の表側に落下しました。

※1 「おきな」は、「かぐや」が月の裏側にいるとき、月の上空で「かぐや」と地球との通信を中継した。
※2 「おうな」は、月の重力を観測するための電波源を搭載した子衛星。

98

「かぐや」の観測からわかったこと

「かぐや」の観測からわかったことや成果をいくつか紹介します。

月の地形を詳しく観測し、月で最も高い地点が高さ約1万750m、いちばん深いへこみが深さ約9060mあること（どちらも月の裏側にある）を明らかにしました。観測データは月の詳しい地形図づくりにも生かされました。

月の北極や南極での日差しの量を正確に測定し、クレーターの底などに一年中日が当たらないところ（永久影）があることもわかりました。

日本初の月面着陸に成功した無人探査機「SLIM」

2024年1月20日、無人月探査機「SLIM」が、世界で5カ国目となる月面への着陸に成功しました。SLIMは目標地点から約55mしかはなれていない地点にみごと着陸しましたが、太陽電池を上に向けた姿勢（下の写真左）ではなく、エンジンを上に向けた姿勢（下の写真右）になってしまい、十分な電力が得られませんでした。それでもSLIMは、着陸地点周辺の岩石がどんな成分でできているかを調べるための撮影を行ったあと、いったん電源を切って休眠状態に入りました。

その後、1月28日になって太陽電池に日光が当たるようになると、電源が回復したSLIMは、予定されていた岩石の観測を再開しました。月では、昼が約15日間続いてその後の約15日間は夜になります。1月31日になると太陽が沈んでしまったので、太陽電池が発電しなくなり、SLIMは再び休眠に入りました。月面は昼と夜の温度差が280℃もあるきびしい環境なので、日光が当たり始めたときにSLIMが復活するか危ぶまれましたが、2月25日、3月27日、4月23日に復活して観測を続けました。しかし、5月下旬にはついに応答がなくなり、その後も復活することはなく、観測は打ち切りになりました。きびしい環境の中で、何度も復活して観測を続けたSLIMの技術には、ほめたたえる声がたくさん寄せられました。

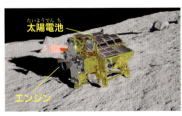

計画では、このように太陽電池を上に向けた姿勢で着陸させる予定だった。

写真：左 JAXA

小型ロボット「LEV-2」が撮影した月面のようす。右上にある着陸した探査機SLIMの姿は、エンジンを上に向けた姿勢になっている。

8章
過酷な環境の星、月

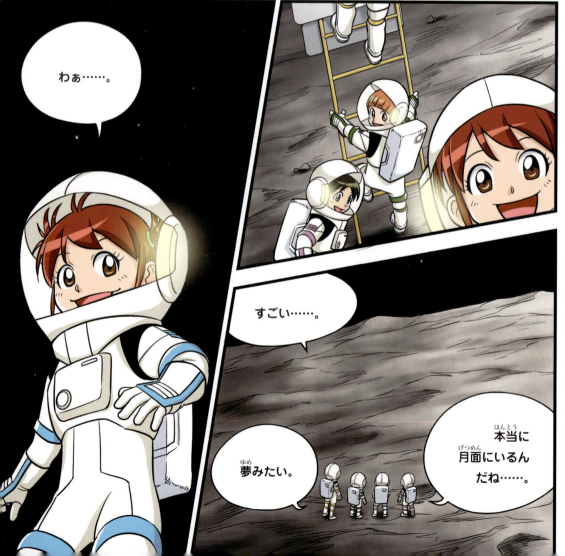

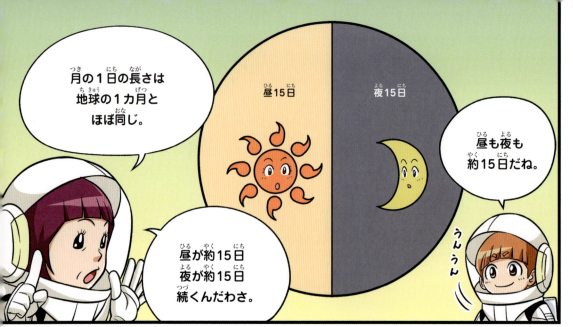
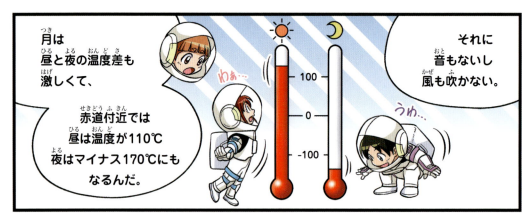

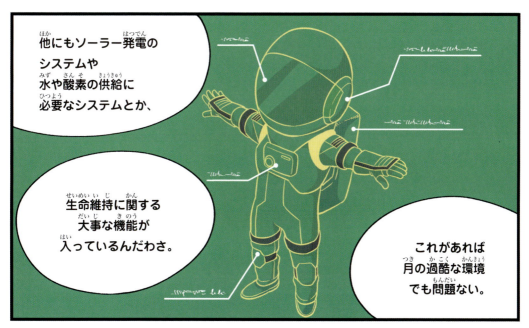

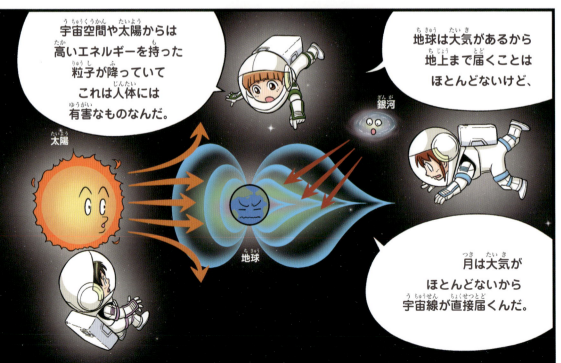

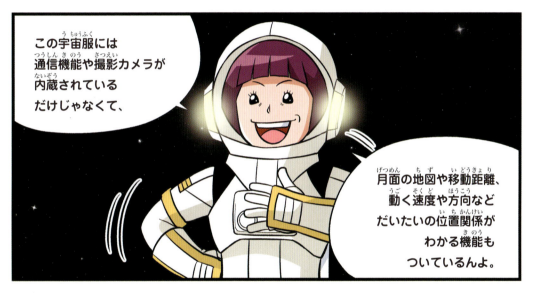

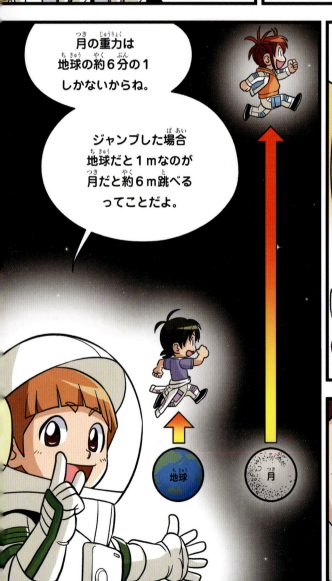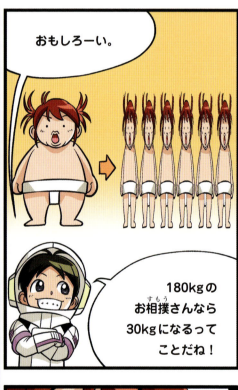

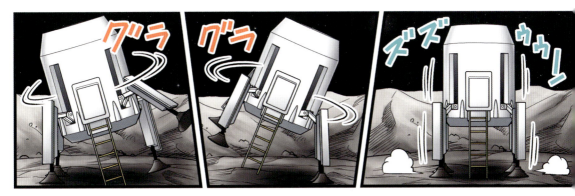
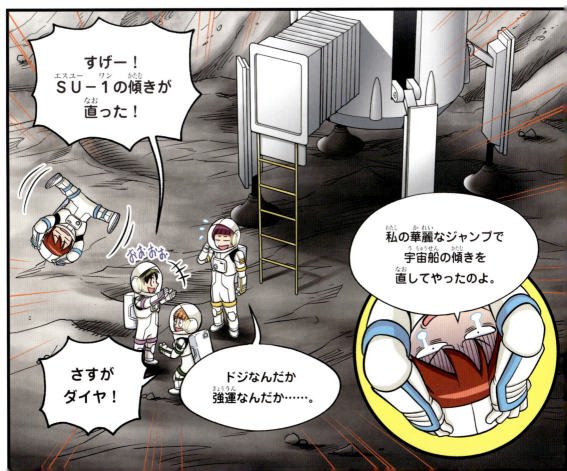

月のサバイバル科学知識

月と地球の不思議な関係

私たちの生活にも関わりがある月。地球から見える月の形の変化や、月が引き起こす天文現象について見ていきましょう。

地球から見る月の形が変わるのはなぜ？

月は、ボールのような丸い（球形の）天体です。なぜ半月や三日月のように欠けて見えるのかというと、光っている部分の形が変わるためです。

月は、太陽の光に照らされて光っています。月を丸いボール、太陽を電気スタンドに置きかえて

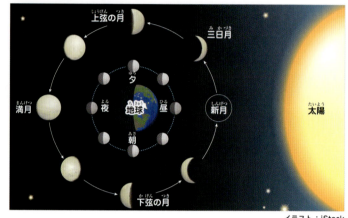

イラスト：iStock

考えてみましょう。暗い部屋で、丸いボールに電気スタンドの光を当てます。ボールを動かすと光の当たっている部分の形が変わります。これと同じ理由で月は見える形が変わるのです。

月は、地球のまわりを約27.32日かけてぐるりと1周（公転）しています。地球から見たとき、公転する月に太陽の光の当たる部分が少しずつ変わっていき、三日月→半月（上弦の月）→満月→半月（下弦の月）……、というように形が変わって見えるのです。

月面ってどんなところ？

月は、地球とは環境が大きく違います。月には、空気（大気）がほとんどありません。このため、風も吹かず、音も聞こえません。海と呼ばれるところはありますが、そこは地球から暗く見える部分のことで、そこに水はありません。

月は、重力が地球の6分の1ほどしかありません。そのため、ものの重さは地球の約6分の1になります。地球で体重36kgの人が月で量ると、体重が6kgになってしまうのです。

空気がないので楽器の音が聞こえません。

110

身近な天体ショー「月食」

地球が太陽と月の間に入って地球の影が月をかくしてしまうのが「月食」です。

月食は必ず満月のときに起こり、図に示すように本影と半影という地球の影ができます。月が半影に入っても月は暗くならず、本影の中に入ったときに月食が起こります。月食には、月のすべてが暗くなる皆既月食と、月の一部分が暗くなる部分月食があります。月の一部だけが本影に入ると「部分月食」、月の全部が本影に入ると「皆既月食」になります。

また、月が地球と太陽の間に入って太陽をおおいかくしてしまうのが「日食」です。

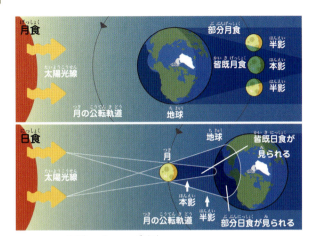

これから日本で見える月食

年月日	月食の種類
2025年3月14日	皆既月食（月出帯食）日本の一部で部分月食が見える
2025年9月8日	皆既月食
2026年3月3日	皆既月食
2028年7月7日	部分月食（月入帯食）
2029年1月1日	皆既月食
2029年12月21日	皆既月食（月入帯食）
2030年6月16日	部分月食（月入帯食）

月の出の前に月食が始まり月が欠けたまま昇る場合を月出帯食、月食の途中で月が欠けたまま沈んでしまう場合を月入帯食という。

月では昼が約15日間続き、夜も約15日間続きます。赤道付近の地面の昼の温度は110℃、夜の温度はマイナス170℃まで下がります。地球には大気と強い磁場（磁石のはたらき）があるので、宇宙からの放射線はさえぎられてほとんど地上に届きません。ところが、月には大気がほとんどなく、強い磁場もないため、宇宙を飛び交う危険な放射線がそのまま地上に降り注ぎます。宇宙からやってくる小天体も、月には大気がないのでブレーキがかからず、強いエネルギーを持ったまま地上に落ちてきます。

9章
月のうさぎの正体は？

あ！ 地球から見たときに薄暗く見える部分のことね。

海？

どうやらここは蒸気の海の近くみたいだわさ。

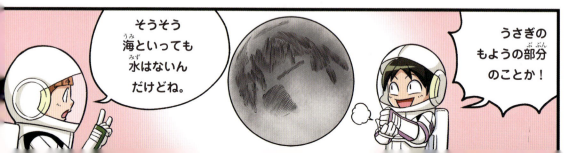

そうそう海といっても水はないんだけどね。

うさぎのもようの部分のことか！

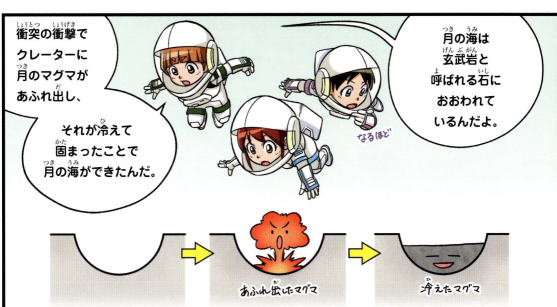

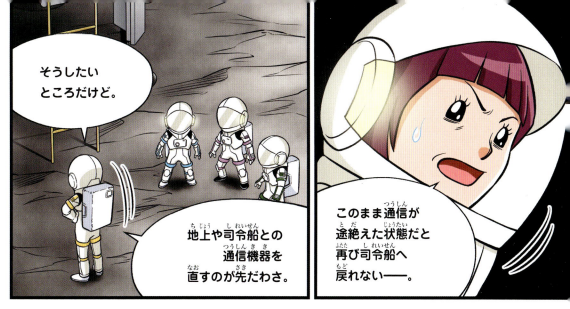

月のサバイバル科学知識

月の海と陸って何？

日本では月のもようを、もちをついているウサギの姿になぞらえてきました。望遠鏡で見ると、ウサギの姿に見えるうす暗いもようは、平らなところであることがわかります。この平らなところは「海」といいます。海が黒っぽく見えるのは、黒い色をした玄武岩と呼ばれる岩石でできているからです。

月の海は、月ができて間もないころ小天体がたくさん衝突し、大きなクレーターができたあとに、地下からマグマが噴き出してきたところと考えられています。黒い玄武岩は、マグマがかたまってできた岩石です。

これに対して、明るいところは「陸（高地）」といい、標高が高いところです。陸の面積は、月の表面の8割ほどあり、望遠鏡で見るとたくさんのクレーターがあることがわかります。クレーターの多くは、40億年以上前に小天体が衝突してできたものです。月の陸が白く明るく見えるのは、斜長岩という白い岩石でできているからです。

月はできた当時は、高温の溶けたマグマにおおわれていた（この状態を「マグマオーシャン」という）と考えられています。このマグマオーシャンから斜長岩が浮き上がって、月の陸が形成されたと考えられています。

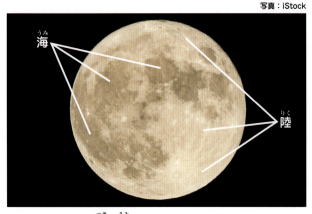

写真：iStock

月の海はこうしてできた

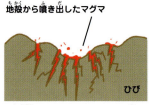

① 巨大なクレーターの中に大きな小天体が衝突した。

② 衝撃でクレーターにひびが入りマグマが噴き出した。

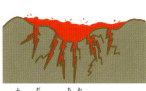

③ 噴き出した地下のマグマがクレーターの中にたまった。

④ マグマは冷えてかたまり、玄武岩の「海」になった。

月の海は表側に多い！

月の表側には海があちこちにありますが、月の裏側には、海がほとんどありません。なぜ月の表側に海が多いのか詳しいことはわかっていませんが、次のように考えられています。

月はいつも地球に同じ面を向けているので、内部の物質の配置にかたよりがあり、地球に向けている表側の地殻（岩石からできた表層）が、裏側よりうすくなっています。表側に衝突した小天体の衝撃はひび割れをつくり、地殻の内側のマントルに達してマグマが地表に噴き出し、海ができました。一方、裏側は地殻が厚いので、小天体が衝突しても、ひび割れがマントルまで届かず、マグマが地表に噴き出ることもなかったというのです。

月の表側。写真：NASA/GSFC/Arizona State University

月の裏側。写真：NASA/GSFC/Arizona State University

月の海と陸がつくる形いろいろ

満月のときに見える月のもようを、日本では、もちをつくウサギになぞらえてきました。中国などでも、月にウサギを見ているそうです。世界のほかの国々では、カニや女性の横顔やライオンになぞらえているところもあります。あなたには、何に見えますか？ 思い描いて満月を見てみましょう。

イラスト：イケウチリリー

10章 月面のメッセージ

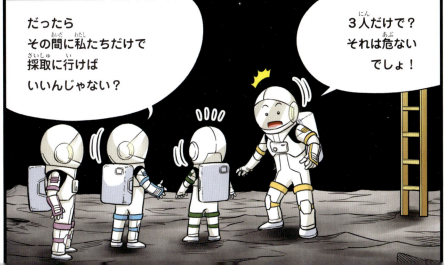

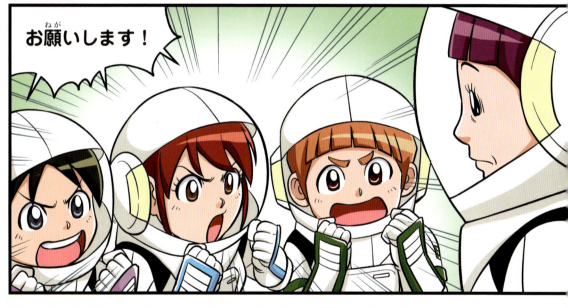

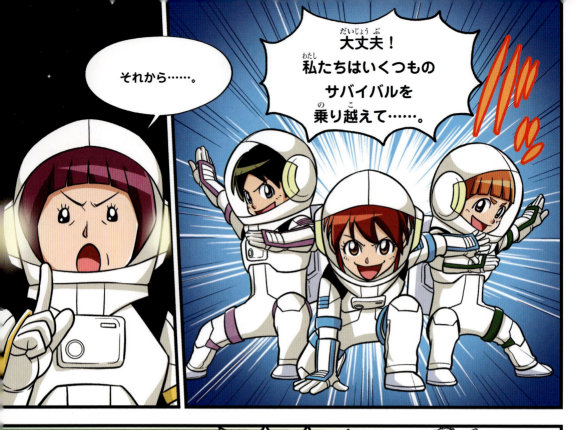

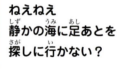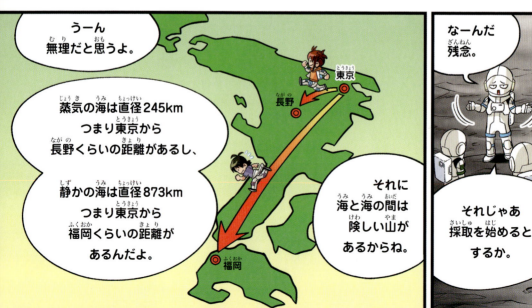

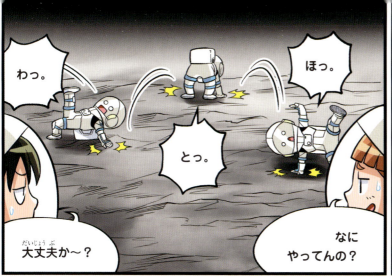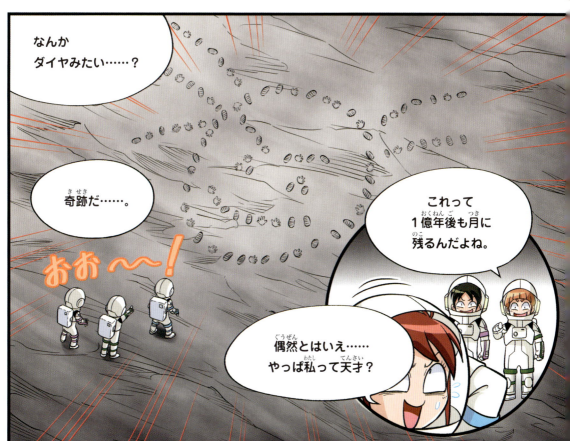

月のサバイバル科学知識

月には何があるの？

月の表面には「海」と「陸」という特徴のある地形が見られます。120ページでは、それぞれの地形のでき方についても学びました。ここでは、月にはどんな岩石や資源があるのか見ていきましょう。

月面をおおう「レゴリス」

月の表面は、レゴリスと呼ばれる岩石が砕けてできた細かい粒におおわれています。厚さは数センチ～数十メートルです。粒の直径は平均0.07mmで、砂よりも細かい粒です。月には大気がほとんどないので、小天体も宇宙空間の細かなちりも高速で表面に衝突します。そのエネルギーは大きいので、月の表面の岩石は長い年月の間に細かくくだかれ、積もってレゴリスになったと考えられています。レゴリスが舞い上がると、機械の中に入って故障させたり、人が吸い込んで花粉症のような症状を引き起こすおそれがあります。

レゴリスの上に残されたアメリカの宇宙飛行士の足あと。
写真：NASA

月の岩石

1969年から1972年まで月面に降り立ったアメリカの宇宙飛行士は、月から多くの岩石を持ち帰りました。それを調べた結果、月の岩石はすべて火成岩（マグマがかたまってできた岩石）であることがわかりました。月の「海」の岩石は、月の内部から噴き出したマグマがかたまってできた、色が黒っぽい玄武岩であることがわかっています。「陸（高地）」は、斜長岩と呼ばれる、白い火成岩でできています。月の岩石の大部分は、カンラン石、輝石、斜長石など地球にもふつうにある鉱物からできています。

月の海の玄武岩。黒い部分が玄武岩。
写真：NASA

月の陸（高地）の斜長岩。
写真：NASA

月にはどんな資源があるの？

　これまでの観測から、月の北極や南極の表面や地下には氷になった水がある可能性が高いといわれています。もし、まとまった量の水があれば、月面で人が活動するときに利用でき、その分を地球から持っていく必要がなくなります。水は水素と酸素からできているので、水を分解して取り出した酸素は、人が呼吸するのに使うことができます。水素は燃料になるので、月から飛び立つロケットの燃料として使うことができます。

　月の地下には鉄やアルミニウムなどの金属もあるので、建物をつくるときの材料やロケットの機体に使われるかもしれません。レゴリスを焼きかためて建築資材として使うことも考えられています。このほかに、レゴリスにふくまれているヘリウム３という気体があります。ヘリウム３は、世界中で研究が進められている核融合発電に使える資源です。将来、月で使う電気はヘリウム３による核融合発電でまかなわれるかもしれません。

　これらの資源を地球に持ってきて使うことはほとんど考えられていません。

月の水を調べる探査計画

　まとまった量の水が氷としてあると考えられているのは、月の北極・南極のクレーターの内部などにある、まったく日が当たらない「永久影」と呼ばれるところです。しかし、水がどこにどのくらいあるのか、どのような形で存在しているのかなどについてはわかっていません。日本のJAXAはインド宇宙研究機関（ISRO）などと、月の水の量と質に関するデータを集めるための国際協働プロジェクト「月極域探査機（LUPEX）」プロジェクトを計画しています。

月極域探査機（LUPEX）プロジェクトの想像図。
画像：JAXA

11章
降り注ぐ小天体

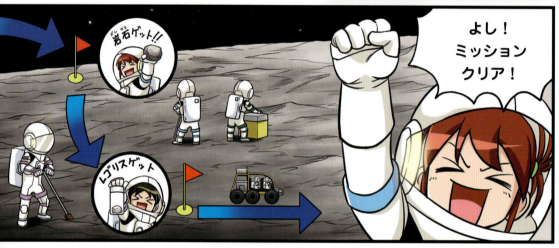

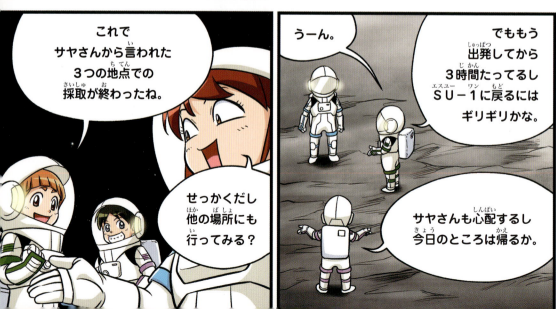

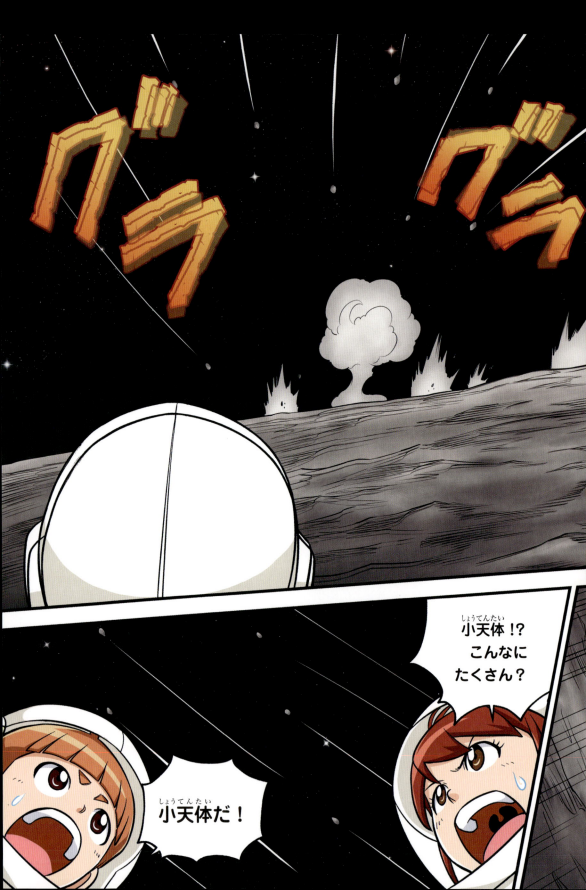

月のサバイバル科学知識

太陽系で生物が生きられる範囲は？

　これまでに、地球以外の天体に生物がいる・いたという証拠は見つかっていませんが、その可能性はあるのでしょうか？
　地球の生物からわかるように、生物が生きていくためには「水」が必要です。そして、その水は氷（固体の水）でも、水蒸気（気体の水）でもダメで、液体の水でなくてはいけません。生物の体内では、化学反応が起きることで生命の営みが続いていきますが、そのためにはさまざまな物質を溶かし込む『液体』の水が必要なのです。
　水は、温度が高すぎると水蒸気になり、低すぎると氷になってしまいます。地球にたくさんの生物がいるのは、太陽からの距離がほどよく、表面に液体の水が存在できる安定した温度と環境が保たれているからです。この液体の水が存在できる範囲を「ハビタブルゾーン」といいます。英語で「生き物がすめる範囲」という意味です。太陽系の惑星でハビタブルゾーンに入るのは、地球と火星の一部地域だけです。火星では、大昔に液体の水が流れたと見られる地形が見つかっていますが、現在は水が地下で凍っていると考えられています。

火星の北極に見られる極冠。白い部分には、水の氷と二酸化炭素の氷（ドライアイス）があると考えられている。
画像：NASA/JPL/Malin Space Science Systems

150

木星と土星の衛星には、液体の水がある！?

木星の衛星エウロパは、月より少し小さい天体で、表面が氷におおわれています。この氷の下には、液体の水をたたえた海があると考えられています。土星の衛星エンケラドスは、直径が500kmほどの氷におおわれた天体です。エンケラドスの表面からは、氷のつぶや水蒸気が噴き出しているのが見つかり、この衛星の地下にも海があると考えられています。

エウロパ（左）とエンケラドス（右）。木星や土星が及ぼす潮汐力という力によって内部に熱が発生しているため、水が液体でいられると考えられている。地下の海には、生物がいる可能性があるといわれている。

写真：エウロパ NASA/JPL-Caltech/SETI Institute、エンケラドス NASA/JPL/Space Science Institute

宇宙人とのコンタクトに挑戦！

人類はこれまで、何度も宇宙人とのコンタクトを試みてきました。この宇宙人探しのことをSETIといいます。最初のSETIは、1960年にアメリカの天文学者フランク・ドレイクが電波望遠鏡を使って、そのころ宇宙人がいそうだと考えられていた2つの星から、電波に乗せたメッセージが届いていないか調べるというものでした。その後も、電波望遠鏡を使った宇宙人探しが行われ続けていますが、これまでのところ、そのような電波は受信されていません（2024年11月現在）。

地球から、宇宙人に向けたメッセージを送る試みも行われています。1974年、フランク・ドレイクは天文学者のカール・セーガンと、太陽系から約2万5000光年はなれた、ヘルクレス座の球状星団（恒星がボールのようにたくさん集まった星団）M13に向けて電波のメッセージを送りました。太陽系や地球、DNAの構造などを画像に表したメッセージでした。

1977年に打ち上げられた、探査機ボイジャー1号と2号には、宇宙人に向けたメッセージを記録したゴールデンレコードがのせられました。2つの探査機は、木星、土星などの探査を終えたあと、そのまま太陽系を超えて宇宙のかなたへ飛んでいきます。そこで、何十万年後、何百万年後に宇宙人が見つけてくれるかもしれないと考えて、地球や人間のことを知らせるゴールデンレコードをのせたのです。

ボイジャー1号と2号に積み込まれたゴールデンレコード。波、風、雷、鳥や動物の鳴き声などの自然の音、世界の音楽、55の言語によるあいさつの音声などが、地球や人間のことを伝える画像といっしょに記録されている。画像：NASA

151

12章
宇宙人の光!?

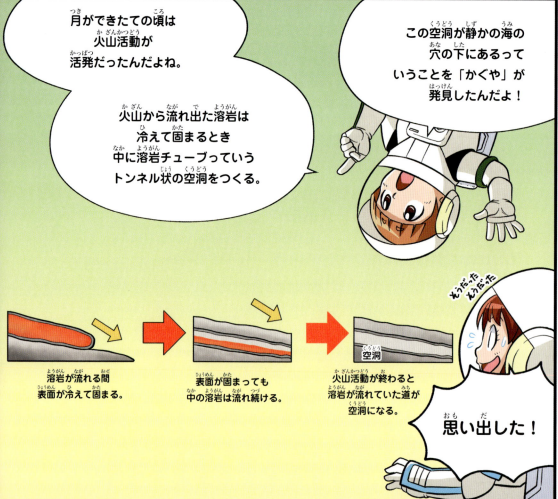

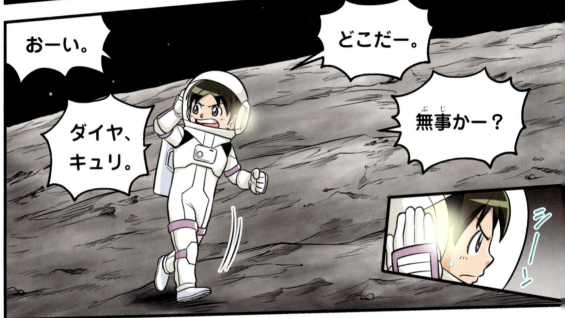

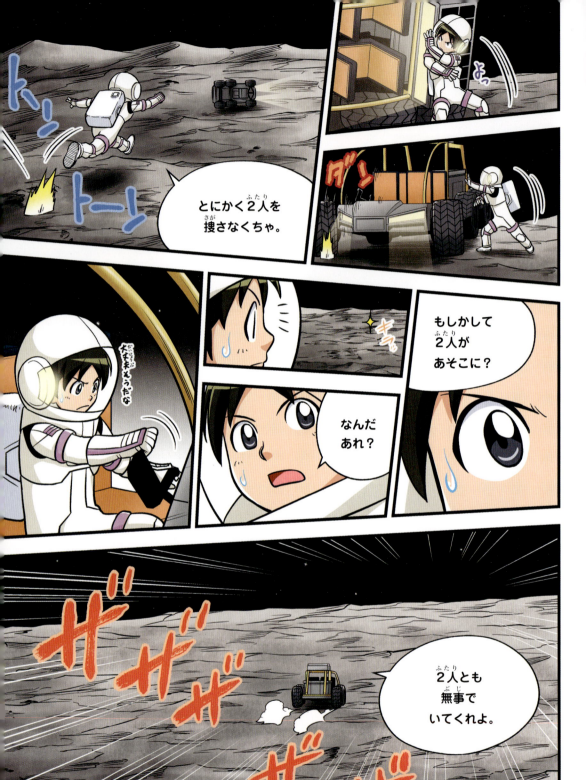

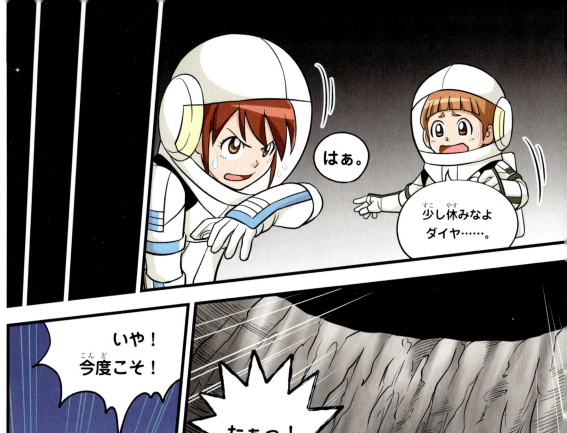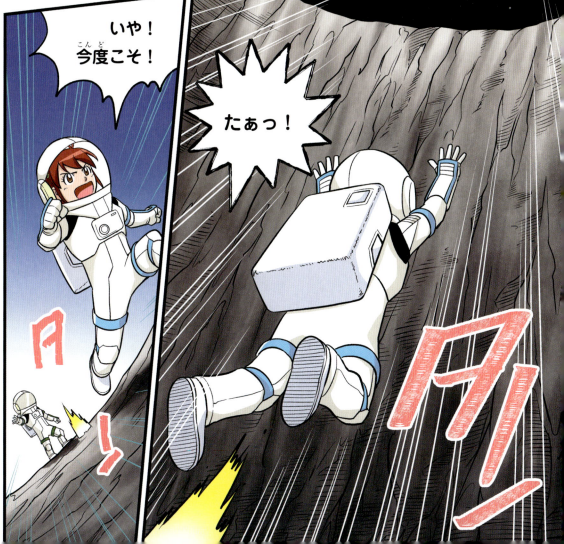

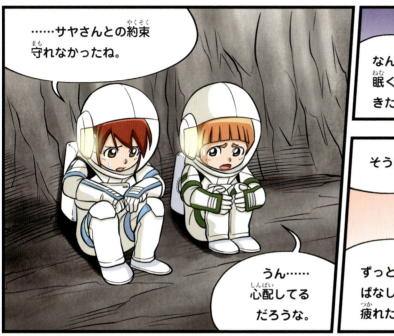

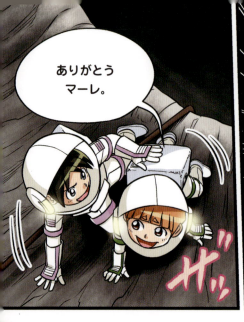

月のサバイバル科学知識

日本の探査機「かぐや」が発見した月面の穴

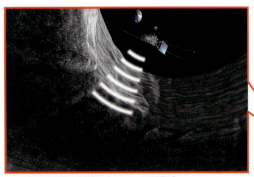

かぐやがたて穴の上空を飛んでいる想像図。
画像：JAXA/SELENE/Crescent/Akihiro Ikeshita for Kaguya image

かぐやが見つけたたて穴は、月の表側の嵐の大洋にある。
写真：国立天文台

嵐の大洋

　日本が2007年に打ち上げ、月を回る軌道上から約1年半にわたって月面を観測した「かぐや」（98ページ）は、意外なものを見つけました。それは、月の表側の西部「嵐の大洋」の中の「マリウス丘」にある直径約50m、深さ約50mのたて穴です。その後、観測データを詳しく調べたところ、地下数十～数百メートルの深さに、いくつもの空洞があることがわかりました。地下の空洞の一つは、「かぐや」が発見したたて穴から数十キロも伸びた巨大なものです。これらの空洞は、はるか大昔に溶岩が流れた際に形成されたと考えられています。

　人が月面で生活する際には、危険な放射線や隕石から身を守る必要があるので、このような地下の空洞は、基地を建設する場所として最適といわれています。

マリウス丘にあるたて穴と地下の空洞を予想した断面図。

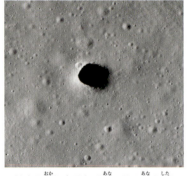

マリウス丘にあるたて穴。この穴の下に、空洞が広がっていると考えられている。
写真：NASA/GSFC/Arizona State University

月の観光名所を訪ねよう

月には、地球には見られないような山脈や谷などが見られます。その景色を楽しみましょう。アポロ11号の着陸地点も見ておきましょう。

アペニン山脈

長さ600kmに及び、高い山頂は5000mに達する。
画像：PIXTA

アポロ11号着陸地点

人類初の月面着陸をなしとげたアポロ11号が着陸した地点（中央の白いところ）。静かの海にある。
写真：NASA/GSFC/Arizona State University

静かの海。
写真：国立天文台

アルプス谷

長さ約180kmの幅広い谷。よく見ると谷の底にもう一本細い谷が走っている。
写真提供：ユニフォトプレス

虹の入り江

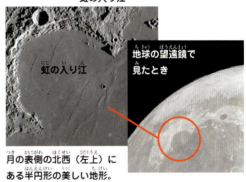

月の表側の北西（左上）にある半円形の美しい地形。
写真：左 NASA/GSFC/Arizona State University、右 国立天文台

169

13章
謎の無人探査機

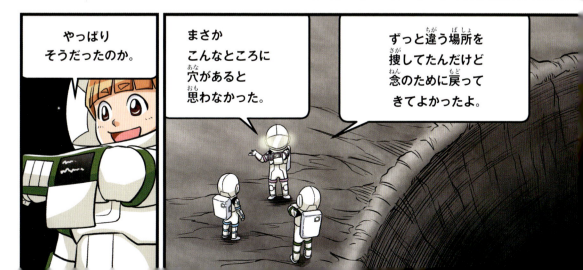

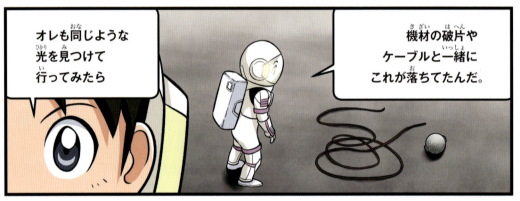

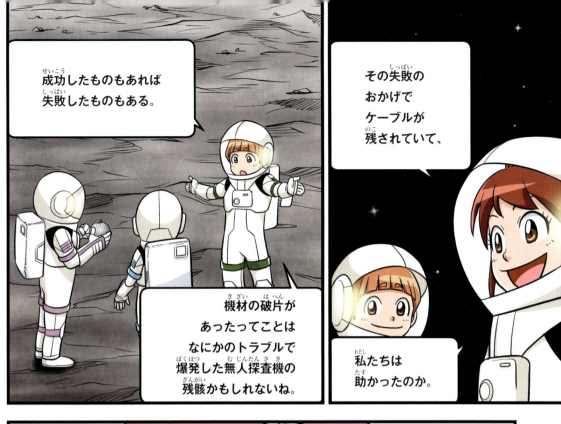

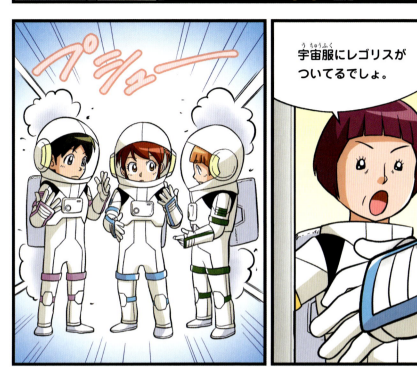

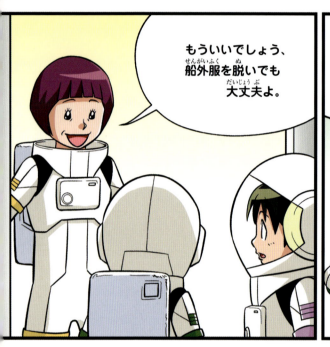

月のサバイバル科学知識

宇宙旅行は夢じゃない？

　宇宙旅行というと、宇宙船に乗って月や火星に行くことを思い浮かべるかもしれません。こういう宇宙旅行には、特別な訓練を積んだ宇宙飛行士でないと行けません。その一方で、民間人（ふつうの人）でも特別な訓練なしに宇宙旅行をする時代が始まりかけています。

日帰りの「サブオービタル」宇宙旅行

　地上から100kmより高いところが、宇宙と呼ばれています。ロケットでその高さまで行き、数分間、宇宙空間に滞在して、すぐに地上に戻る「サブオービタル」旅行という宇宙旅行が実現しています。宇宙旅行をビジネスとして行う会社が、観光を目的としたロケットに乗る客を募集し、参加者は短い時間ですが宇宙からの景色や無重力を体験できます。ただ、費用は高額で、1回の旅行に1人あたり数千万円かかります。

　国際宇宙ステーション（ISS）のように、地球を周回する宇宙旅行は「オービタル」旅行と呼ばれます。日本の実業家の前澤友作さんは2021年12月8日から20日まで、この国際宇宙ステーションに12日間滞在してきました。オービタル旅行の費用は数十億円以上といわれます。ただし、一般人の観光を目的とした宇宙船はまだありません。

　気球に乗って、高度10〜50kmの上空まで行く遊覧飛行も計画されています。飛行機よりはるかに高いところから地上の景色を楽しめますが、高度50kmは宇宙ではないので、宇宙旅行とはいえません。

　月や火星に一般人が行けるようになるまでには、まだ時間がかかりそうです。

アメリカのヴァージン・ギャラクティック社がサブオービタル旅行に使った宇宙船「スペースシップ2（真ん中）」とその母船「ホワイトナイト2」。スペースシップ2を抱えるようにしたホワイトナイト2は、高度約15kmまで上昇し、スペースシップ2を分離する。スペースシップ2は、2023年6月から24年6月まで7回の商業飛行（参加者が旅行費用を払う飛行）を行って、運用は終了した。次の飛行は新しく開発する宇宙船で行う予定という。写真：AP/アフロ

宇宙エレベーターで宇宙へ

大型ロケットは1回の打ち上げに、数十億円かかるといわれます。そこで、ロケットよりも安い費用で、安全に宇宙へ行く手段として、宇宙エレベーター（軌道エレベーター）の建設が考えられています。

気象衛星などが飛ぶ、赤道の上空約3万6000kmの軌道（静止軌道）上を地球と同じ向きに周回する物体は、地球の自転といっしょに同じ方向に動くので地上からは止まって見えます。ここに宇宙ステーションを建設し地上とケーブルでつなげば、人や荷物を行き来させるエレベーターをつくることができます。また、ケーブルをさらに長く宇宙に向けて伸ばせば、もっと上空にもステーションをいくつか建設することができます。それぞれのステーションは探査機や宇宙船、人工衛星を月や火星、地球を回る軌道などへ送り出すゲートとして使うことができます。

宇宙エレベーターは理論的には実現可能ですが、解決しなければならない課題がたくさんあり、具体的な建設の計画はまだ立っていません。

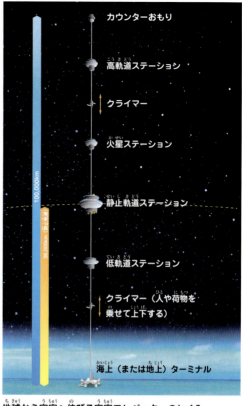

地球から宇宙へ伸びる宇宙エレベーターのしくみ。
画像提供：一般社団法人 宇宙エレベーター協会

宇宙エレベーターが落ちないのはなぜ？

自転する地球をハンマー投げの選手、宇宙エレベーターのケーブルをハンマーのワイヤ、ケーブルの先につけるおもりを金属球にたとえてみましょう。ハンマーを持った選手が、ワイヤの先につけた金属球といっしょに回転すると、金属球を外側に引っ張る遠心力がはたらきます。これと同じように、自転する地球といっしょに回転する宇宙エレベーターの先におもりをつければ、遠心力のはたらきでケーブルはピンと張り、宇宙エレベーターは落ちてこなくなります。

イラスト：西原宏史

14章
月を脱出

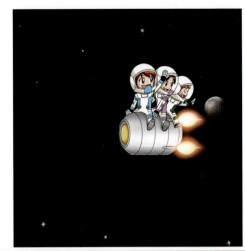

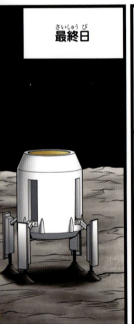

最終日

昨日は船内に
ダイヤの悪臭が
たちこめて
食欲が
わかなかったよ。

僕 うんこに
追いかけられる
夢を見た。

ごめんごめん。
しっかり
体をふいて
きれいサッパリ
したよ〜。

まあ とにかく
4人一緒に
このSU-1に
座っていられる
ことがなによりだわさ。

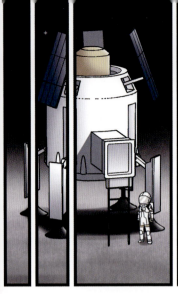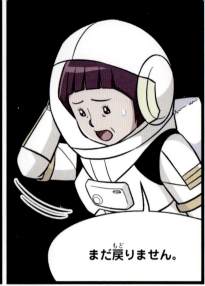

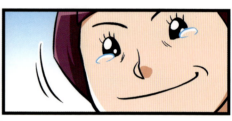

月のサバイバル科学知識

月をめざした人類のあゆみ

　人類の月への挑戦は、今でも続いています。これまでの世界各国の探査機や宇宙船の成果を表にまとめました。

打ち上げ年月日	探査機・宇宙船の名前	国・地域	歴史に残るおもな成果
1959年9月12日	ルナ2号	ソ連(今のロシアなど)	月面に世界で初めて到達した。軟着陸(強い衝撃を受けないようにゆるやかに着陸すること)ではなく、月面に衝突した。
1959年10月4日	ルナ3号	ソ連	世界で初めて月の裏側を写真撮影し、地球に送った。
1962年4月23日	レインジャー4号	アメリカ	月に到達したアメリカ初の探査機になった。
1966年1月31日	ルナ9号	ソ連	月面への軟着陸に世界で初めて成功。月面から地球にデータを送信した。
1966年3月31日	ルナ10号	ソ連	世界で初めて月を周回する軌道に乗せることに成功した。
1966年5月30日	サーベイヤー1号	アメリカ	月に軟着陸したアメリカ初の無人探査機となった。
1968年12月21日	アポロ8号	アメリカ	宇宙飛行士を乗せて月を周回し、再び地球に戻ってきた初の宇宙船。
1969年7月16日	アポロ11号	アメリカ	史上初の人類による月面着陸に成功。7月20日20時17分に月着陸船「イーグル」が月に軟着陸し、2人の飛行士が月面に降り立った。月面での活動を終えた2人は着陸船で月面をはなれ、司令船に乗り移り地球に帰還した。(16ページも見よう)
1970年11月10日	ルナ17号	ソ連	世界初の無人月面車ルノホート1号による調査を11カ月間行った。
1972年12月7日	アポロ17号	アメリカ	アポロ計画最後の有人月面着陸。これ以後、人類は月面に降り立っていない。
1990年1月24日	ひてん	日本	アメリカ・ソ連以外では初めて、月を周回した実験衛星。孫衛星「はごろも」とともに月を周回した。
1994年1月25日	クレメンタイン	アメリカ	無人探査機。観測により、月に水があるかもしれないというデータを得た。
1998年1月7日	ルナプロスペクター	アメリカ	無人探査機。月の極域(南極・北極)の永久影の部分に約60億トンの水(氷)が存在する可能性を示した。

192

打ち上げ年月日	探査機・宇宙船の名前	国・地域	歴史に残るおもな成果
2003年9月27日	SMART-1	ヨーロッパ	月探査用の技術試験衛星として打ち上げられたヨーロッパ（欧州宇宙機関［ESA］）初の月探査機。月を周回しながら観測を行った。
2007年9月14日	かぐや	日本	日本初の大型月探査機として、打ち上げられた。14の観測機器による科学観測を行ったほか、多くの映像を撮影した。（98ページも見よう）
2007年10月24日	嫦娥1号	中国	中国初の月周回衛星。1年間にわたって周回し、科学的な探査を行った。
2008年10月22日	チャンドラヤーン1号	インド	月を周回する軌道に投入され、観測によって月面に水がある証拠をつかんだ。
2013年12月1日	嫦娥3号	中国	中国として初めて月面への軟着陸に成功した。
2018年12月7日	嫦娥4号	中国	月の裏側への軟着陸に世界で初めて成功した。月の裏側と地球を直接にむすぶ通信はできないので、中継衛星「鵲橋」を経由して、地球との通信を行った。
2020年11月23日	嫦娥5号	中国	月面に軟着陸の後、標本を地球に持ち帰るサンプルリターンに成功した。
2023年7月14日	チャンドラヤーン3号	インド	月の南極付近にあるマンチヌス・クレーターの南東部に軟着陸した。
2023年9月6日（日本時間では9月7日）	SLIM	日本	日本としては初めての月面への軟着陸に成功した。（99ページも見よう）

※日付は、協定世界時（世界標準時）で表示しています。
日本の時間（日本標準時）は、協定世界時より9時間進んでいます。

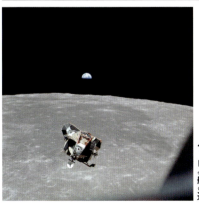

1969年7月21日、月を周回する軌道上のアポロ11号司令船「コロンビア」から撮影した月着陸船「イーグル」の上昇段（月を離陸して司令船に戻ってくる部分）。2人の飛行士が乗ったイーグルがコロンビアに近づいてくるところ。月面のかなたに地球が見えている。写真：NASA

15章
謎のボールの正体

月を回る軌道に入った。

もうすぐ司令船とドッキングする。

了解。

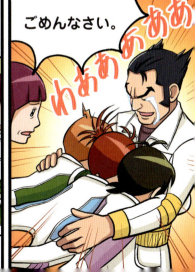

こ……これはどうしたんだ？

それ？かわいいから記念に持って帰ろうと思って……。

小天体が落ちてきたあたりでマーレが拾ったんだ。

間違いない！

これは私が10年前に打ち上げた無人探査機の一部だ！

ええっ！

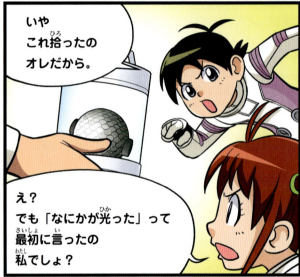

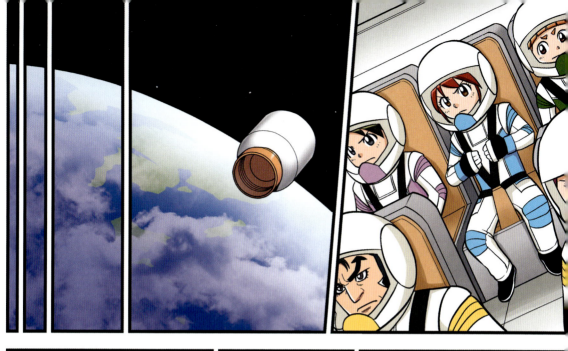

監修	渡部潤一
マンガ制作協力	スリーペンズ
マンガカラーリング	佐藤大輔（三晃印刷）
コラム執筆協力	上浪春海
コラムイラスト・図版	イケウチリリー、西原宏史、福永胡桃
校閲	山田欽一、野口高峰（朝日新聞総合サービス 出版校閲部）
編集	泉ひろえ（生活・文化編集部）
編集デスク	野村美絵（生活・文化編集部）
企画	上田真美（DXIP 推進部）
制作協力	池田聡史（VELDUP CO.,LTD.）
おもな参考文献	『小学館の図鑑 NEO 宇宙』（小学館）『ニューワイド 学研の図鑑 宇宙』志村隆／編（学習研究社）『ビジュアル 宇宙大図鑑』渡部潤一／日本語版監修、キャロル・ストット、デイビッド・ヒューズ、ロバート・ディンウィディー、ジャイルズ・スパロー／著（日経ナショナルジオグラフィック社）『VISIBLE 宇宙大全』藤井旭／著（作品社）『もしも月でくらしたら』山本省三／作、村川恭介／監修（WAVE 出版）『理科年表 2024』国立天文台／編（丸善出版）『最新 惑星入門』渡部潤一、渡部好恵／著（朝日新聞出版）『あした話したくなる わくわくどきどき宇宙のひみつ』渡部潤一／監修（朝日新聞出版）『ジュニアエラ』2012 年 7 月号（朝日新聞出版）『週刊マンガ世界の偉人 80』山口正／監修、藤原カムイ／マンガ（朝日新聞出版） 国立天文台ウェブサイト　NASA ウェブサイト　JAXA ウェブサイト

月(つき)のサバイバル

2024年12月30日　第1刷発行
2025年 3 月20日　第2刷発行

著　者　原案　洪在徹(ホンジェチョル)／絵　吉田健二
発行者　片桐圭子
発行所　朝日新聞出版
　　　　〒104-8011
　　　　東京都中央区築地 5-3-2
　　　　編集　生活・文化編集部
　　　　電話　03-5541-8833（編集）
　　　　　　　03-5540-7793（販売）

印刷所　株式会社リーブルテック
ISBN978-4-02-332402-2
定価はカバーに表示してあります

落丁・乱丁の場合は弊社業務部（03-5540-7800）へ
ご連絡ください。送料弊社負担にてお取り替えいたします。

©2024 Asahi Shimbun Publications Inc.
All rights reserved.
Published in Japan by Asahi Shimbun Publications Inc.
Based on a story by Hong Jae-Cheol / LUDENS MEDIA CO.,LTD.

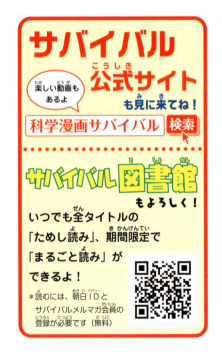